Doppeltes Bild bei Monduntergang

Peter D. Geldart
Mitglied, RASC

Übersetzung aus dem Englischen mit Google Übersetzer

Doppeltes Bild bei Monduntergang

Peter D. Geldart
Mitglied, RASC
geldartp@gmail.com

Übersetzung aus dem Englischen mit Google Übersetzer

ca. 3.600 Wörter
32 Seiten
10 x 15 cm

Arial 8
Courier New 14, 18
Times New Roman 10, 11

CC BY-SA
https://creativecommons.org/licenses/by-sa/4.0/deed.en

2025

Petra Books
MBO Coworking
78 George Street, Suite 204
Ottawa ON K1N 5W1 Kanada

Cover: Die Fotoserie zeigt einen verzerrten und feurigen Mondaufgang über dem Two Lights State Park, Cape Elizabeth, Maine, am Abend des 27. Januar 2013. Fotograf: John Stetson. Autoren der Zusammenfassung: John Stetson; Jim Foster. Verwendung mit freundlicher Genehmigung. https://epod.usra.edu/blog/2013/02/omega-moon-over-cape-elizabeth-maine.html

Erstmals veröffentlicht, teilweise, in „The Strolling Astronomer", Band 67, Nr. 2, S. 73, 2025, Zeitschrift der Association of Lunar and Planetary Observers.

Doppeltes Bild bei Monduntergang

Abstrakt

Die Ursache des am Horizont bei Mond-/Sonnenaufgang/-untergang beobachteten schlechteren Bildes wird untersucht. Es wurden Monduntergänge an einem Wasserhorizont beobachtet, der darunter ein Duplikat des Bildes zeigte. Aufgrund seiner Form wird dieser Effekt als Etruskische Vase oder Omega-Effekt bezeichnet. Ein Brechungsmodell legt nahe, dass das Licht des geometrischen Mondes jenseits des Horizonts Luftschichten unterschiedlicher Temperatur und Dichte durchdringt und sich so zum Beobachter hin ablenkt. Dies reicht jedoch nicht aus, um das aufsteigende untere Bild zu erklären, das robust und nicht fata morganaartig ist. Der Autor untersucht, inwieweit Brechung, Reflexion oder Gravitation bei dessen Auftreten eine Rolle spielen.

Anmerkung des Herausgebers: Zur Untersuchung dieses Phänomens ist die Beobachtung des Mondes deutlich besser geeignet als die der Sonne, da mehr Details erkennbar sind und der Mond aufgrund seiner ostwärts gerichteten Umlaufbahn etwas langsamer absinkt. Bei der Beobachtung der Sonne ist Vorsicht und eine geeignete Filterung erforderlich, da sonst dauerhafte Augenschäden auftreten können.

Geldart

Doppeltes Bild bei Monduntergang

Wenn man am Rand einer ausgedehnten Wasserfläche oder eines flachen Landes steht, beträgt die Entfernung zum Horizont etwa 5 km[1]. Sterne und Planeten sind am Horizont weniger deutlich zu erkennen, und sie erscheinen höher als sie tatsächlich sind, da ihr Licht über dem Horizont gebrochen wurde. Dies gilt auch für Mond oder Sonne, die zusätzlich abgeflacht erscheinen können, mit einer chromatischen Verschiebung hin zu längeren Wellenlängen (orange-rot), da kürzere Wellenlängen gestreut werden, da das Licht mehr Atmosphäre durchdringt als im Zenit oder in mittlerer Höhe. Bei klaren Bedingungen über ausgedehnten Gewässern und nahe der Oberfläche erscheint oft, gerade wenn sich Mond oder Sonne dem Horizont nähern, ein deutlicher und robuster Rand, der wie eine Spiegelung darunter aufsteigt, und die Bilder verschmelzen. Ich beschreibe meine Beobachtungen und schlage vor, dass die atmosphärische Brechung allein keine ausreichende Erklärung ist.

---

[1] Eine der vielen Referenzen zur Berechnung der Entfernung zum Horizont stammt von Mathew Conroy. https://sites.math.washington.edu/~conroy/m120-general/horizon.pdf

Geldart

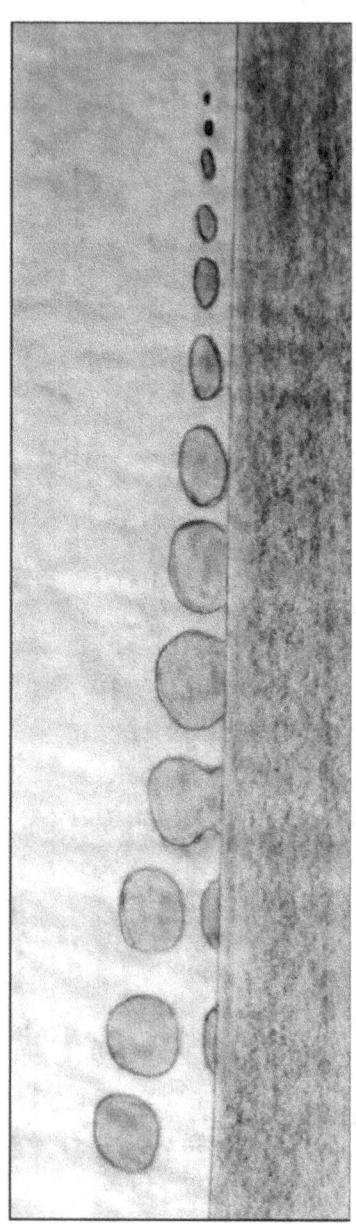

Abbildung 1. Ein zunehmender Mond versinkt im Ontariosee, während ein Bild darunter aufsteigt. Dieselben Marias erstrecken sich vertikal auf beiden Seiten des Mondes, während die Scheiben verschmelzen und über dem Horizont verschwinden. Die Augenhöhe (sitzend) befindet sich etwa 1 m über dem Wasser, Blickrichtung Südwesten von Prince Edward County, Ontario, Kanada, um 5 Uhr morgens (Ortszeit) am 19. September 2021. Zusammengesetzte Zeitsequenz des Autors (die Bewegung ist vertikal, nicht horizontal) kurz nach der Beobachtung mit einem Fernglas.

Doppeltes Bild bei Monduntergang

Beobachtungen

Oft beobachtete ich den Untergang des Mondes über einem großen See – ideal für die Horizontbeobachtung, da es dort keine ausgeprägten Dünungen oder Wellen wie auf dem Meer gibt. Dadurch konnte ich ein Duplikat des Mondes beobachten, das von unten aufging. Dieses Duplikat hat ähnliche Abmessungen und Farben wie der Mond oben und steigt mit der gleichen Geschwindigkeit auf, mit der der Mond absteigt (ungefähr seine Breite in zwei Minuten, von meinem Breitengrad 44° N aus gesehen). Das untere Bild[2] ist der umgekehrte untere Rand des eigentlichen geometrischen Mondes jenseits des Horizonts. Dies zeigt sich daran, dass sich dieselben Marias auf der Unterseite des Mondes auch am Rand darunter befinden. Befindet sich meine Augenhöhe im Sitzen etwa 1 m über dem Wasser, verschmelzen die Bilder augenblicklich, und ein Oval verkleinert sich und „erlischt" auf einer Linie etwa 5 Bogenminuten über dem Horizont (Abbildung 1).

---

2 Der Ausdruck „unteres Bild" bezieht sich auf ein Bild unter einem „oberen Bild". In diesem Fall ist das obere Bild der ganze Mond direkt über dem Horizont.

Geldart

Bei einer Beobachtung aus einer stehenden Position mit einer Augenhöhe von etwa 2 m über dem Wasser kann ebenfalls ein schlechteres Bild sichtbar sein, aber der Winkel ist nicht niedrig genug, um den erhöhten Phantomhorizont zu betrachten (obwohl sich an der Stelle, an der sich die beiden Bilder zuerst treffen, immer noch eine Faltlinie befindet). Die verschmolzene Form sinkt unter den Horizont (Abbildung 2). Im vorherigen Fall, bei dem die Augenhöhe etwa 1 m betrug (der Horizont war damals etwa 4 km entfernt1 – Abbildung 1), verschwindet die verschmolzene Form am Phantomhorizont auf Null, ein Anblick, den andere Beobachter in etwas höherer Position nicht sehen können.

Im Anhang befindet sich eine Liste von Beobachtungen anderer Personen, die im Internet abgerufen wurden und die den Effekt entweder zeigen oder nicht zeigen. Ich habe keine Fälle über Land gefunden, aber das Fehlen von Beweisen ist kein Beweis für das Fehlen.

Doppeltes Bild bei Monduntergang

Abbildung 2. Diese Komposition zeigt den untergehenden Mond mit einem aufgehenden Duplikat am Horizont des Ontariosees. Die Augenhöhe (stehend) befindet sich etwa 2 m über dem Wasser, Blickrichtung Südwesten von Prince Edward County, Ontario, Kanada, um 3 Uhr morgens (Ortszeit) am 10. September 2019. (Autorenskizze

Das Fehlen des Effekts über Land könnte daran liegen, dass bei der Beobachtung über Land die Höhe der Oberflächenunebenheiten auf den 5 km bis zum Horizont selbst über sehr flachem Land ausreicht, um die ersten Meter der Atmosphäre zu verdecken, durch die das Licht, das das minderwertige Bild erzeugt, muss durchgelassen werden.[3]

Beim Blick über ruhiges, ausgedehntes Wasser ist der Effekt aufgrund kleinerer Oberflächenunregelmäßigkeiten (z. B. Wellen) sichtbar. Über Wasser ist der Effekt jedoch manchmal nicht sichtbar, entweder weil die Wellen zu groß sind oder der Blick aus einer zu hohen Perspektive erfolgt.

---

3 Young, A.T. (2005). Untere Luftspiegelungen: ein verbessertes Modell, Applied Optics, Bd. 54, Nr. 4, S. B173. „Die kleinsten Unebenheiten des Bodens haben einen sehr spürbaren Einfluss auf das Phänomen, indem sie die niedrigsten Flugbahnen unterbrechen ...", unter Berufung auf J. B. Biot, Recherches sur les réfractions extraordinaires qui ont lieu près de l'horizon. Garnery 1810. https://pubmed.ncbi.nlm.nih.gov/25967823

Doppeltes Bild bei Monduntergang

Was ist Brechung?

Mit abnehmender Höhe zur Erdoberfläche nimmt die Dichte der Atmosphäre aufgrund des Gewichtsdrucks zu (wobei die Temperatur die Dichte umgekehrt beeinflusst). Da astronomisches Licht in einem Winkel in Luftschichten unterschiedlicher Dichte eindringt, ändern sich seine Richtung und Geschwindigkeit. Nach dem Snelliusschen Brechungsgesetz[4] Wenn Licht in kühlere, dichtere Luft eintritt, wird es langsamer und biegt sich in Richtung der Senkrechten zur Grenze zwischen den Luftschichten. Wenn es in wärmere, dünnere Luft eintritt, bewegt es sich schneller und biegt sich von dieser ab. In diesen Situationen wird das Licht gebrochen.

---

4 Willebrord Snellius (1580–1626), ein niederländischer Astronom, dessen Arbeiten zur Optik von antiken Philosophen vorweggenommen wurden und Descartes, Fermat, Huygens, Maxwell und andere beeinflussten. Das Snelliussche Strahlungsgesetz definiert die Beziehung zwischen Einfallswinkel und Brechungswinkel beim Durchgang von Licht durch verschiedene Medien.
https://en.wikipedia.org/wiki/Snell's_law

Geldart

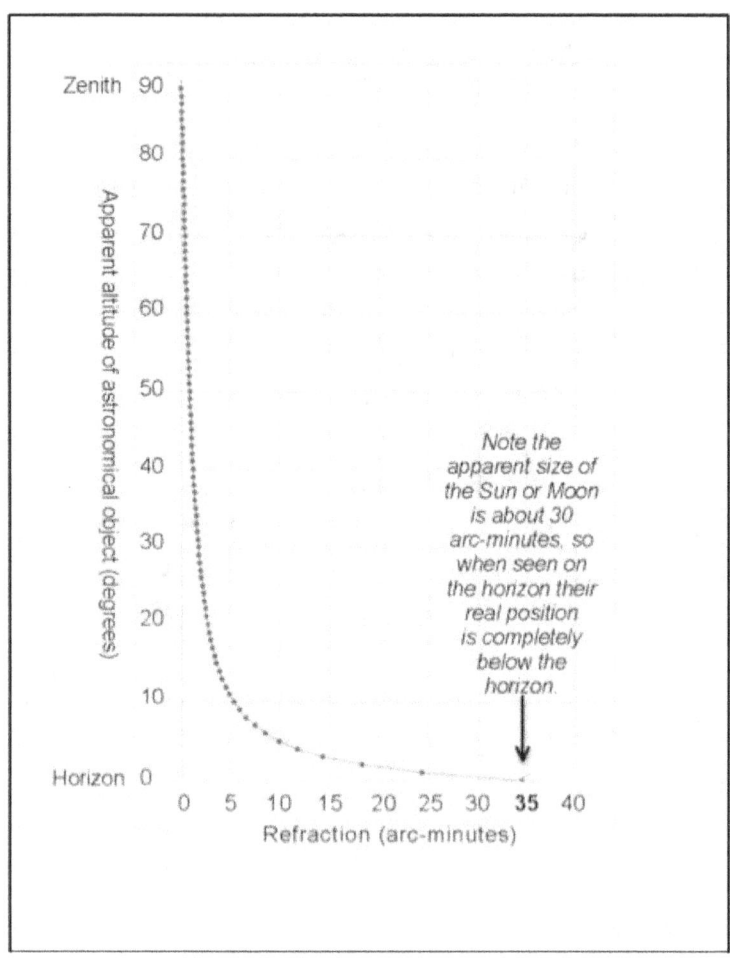

Abbildung 3. Graph, der die Zunahme der Brechung mit abnehmender Höhe zeigt, basierend auf Arbeiten von Bennett, 1982 (https://en.wikipedia.org/wiki/Atmospheric_refraction) und McNish, 2007 (https://calgary.rasc.ca/horizon.htm). Luftdruck und Luftdichte weisen ähnliche Kurven auf. Diagramm des Autors.

Doppeltes Bild bei Monduntergang

Wenn Ihr Blick zum Horizont gerichtet ist, durchdringt astronomisches Licht mehr Atmosphäre und nähert sich den Luftschichten in einem flacheren Winkel, als wenn es vom Zenit kommt[5] und der Brechungseffekt wird verstärkt (Abbildung 3).

Das Phänomen des Unterbildes des Mondes oder der Sonne am Horizont unterscheidet sich jedoch von schimmernden Luftspiegelungen, die auf der lokalen Anordnung von Luftschichten unterschiedlicher Temperatur beruhen (typischerweise kühle Luft über warmer, da die Erdoberfläche die angrenzende Luft erwärmt, oder umgekehrt eine Inversion von warmer Luft über kühler). Licht aus astronomischen Entfernungen hingegen durchdringt die gesamte Atmosphäre und wird aufgrund einer mit abnehmender Höhe zunehmenden Dichte zur Oberfläche hin abgelenkt, wie von Simanek beschrieben:

---

5 „Die atmosphärische Brechung des Lichts eines Sterns beträgt im Zenit null, weniger als 1 Fuß (eine Bogenminute) bei 45° scheinbarer Höhe und immer noch nur 5,3 Fuß bei 10° Höhe; sie nimmt mit abnehmender Höhe [und zunehmender Dichte] schnell zu und erreicht 9,9 Fuß bei 5° Höhe, 18,4 Fuß bei 2° Höhe und 35,4 Fuß am Horizont…"
https://en.wikipedia.org/wiki/Atmospheric_refraction

Geldart

Simanek (2021):

„Die Atmosphäre wirkt wie eine riesige Linse, die die Erde umschließt. Dadurch können wir um die Erdkrümmung herumsehen. Ursache dieser Brechung ist die Abnahme der atmosphärischen Dichte mit zunehmender Höhe … [und] sie ist konstant und allgegenwärtig. Sie ist nicht zu verwechseln mit dem lokal begrenzten und temporären optischen Phänomen, das durch Temperaturinversionen in Bodennähe entsteht."

https://dsimanek.vialattea.net/flat/round-spin.htm

und

McLinden (1999):

„Wenn sich Licht durch die Erdatmosphäre ausbreitet und von Luft mit geringerer Dichte zu Luft mit höherer Dichte übergeht, wird der Weg, den das Licht zurücklegt, nach dem Snelliusschen Brechungsgesetz zur Oberfläche hin abgelenkt."

https://www.nlc-bnc.ca/obj/ s4/f2/dsk2/tape15/ PQDD_0025/NQ33542.pdf#page=90 (Seite 71)

Doppeltes Bild bei Monduntergang

Der Mond und die Sonne am Horizont sind ein Sonderfall, da ihre Scheiben von der Erde aus gesehen zufällig gleich groß erscheinen (etwa 30 Bogenminuten) [6], wie bei einer Sonnenfinsternis deutlich wird. Es ist auch ein Zufall, dass unsere Atmosphäre in Oberflächennähe eine Dichte aufweist, die eine Brechungsrate von etwa 35 Bogenminuten ergibt. Ein 30 Bogenminuten großes Bild am Horizont muss also von jenseits des Horizonts gebrochen worden sein: Wenn man den Mond hoch am Himmel und in mittlerer Höhe sieht, ist dies seine wahre Position. Nähert er sich jedoch dem Horizont, verschiebt er sich allmählich, bis man am Horizont ein Bild sieht, das vollständig vom tatsächlichen geometrischen Mond unterhalb des Horizonts gebrochen wurde..[7]

---

[6] Die Erde umkreist die Sonne (mit einem Durchmesser von 1,4 Millionen km) in einer durchschnittlichen Entfernung von etwa 150 Millionen km; der Mond (mit einem Durchmesser von 3.400 km) umkreist die Erde in einer durchschnittlichen Entfernung von etwa 384.000 km. Diese Zahlen bedeuten, dass die Scheiben von Mond und Sonne von der Erde aus betrachtet etwa gleich groß erscheinen.

[7] Eine von vielen Präsentationen zur Brechung ist https://britastro.org/node/17066 (British Astronomical Association).

Geldart

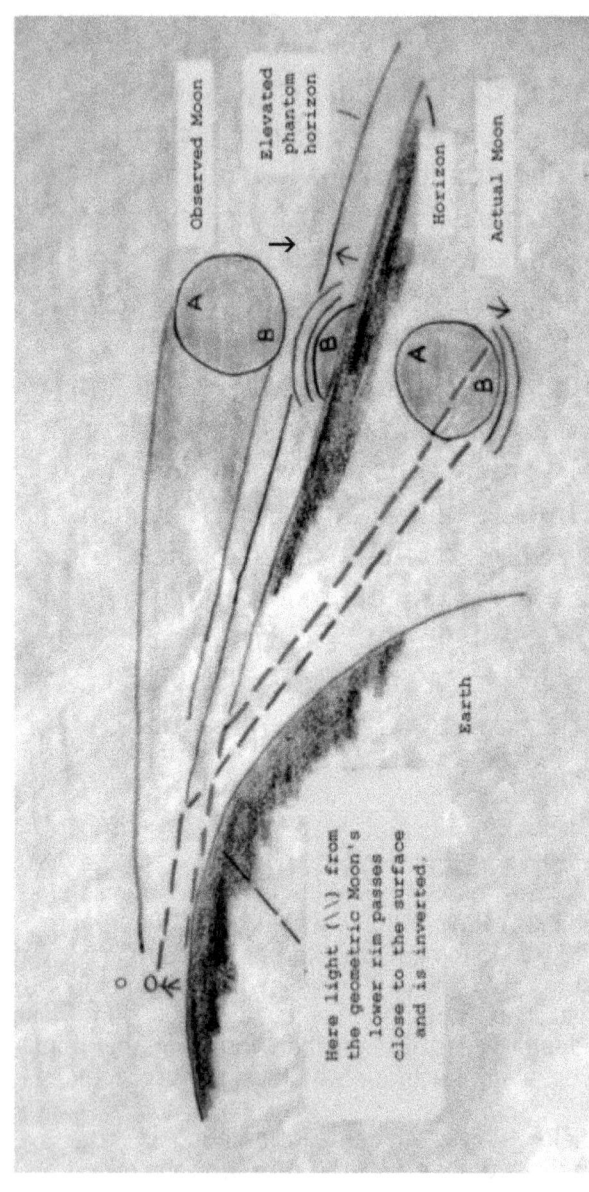

Abbildung 4. Der untergehende Mond. Das Licht des tatsächlichen geometrischen Mondes jenseits des Horizonts (unten) erzeugt sowohl den beobachteten Mond (oben) als auch einen umgekehrten aufgehenden unteren Rand. Nicht maßstabsgetreu. (Autorenskizze).

Das minderwertige Bild

Hier folgen drei alternative Erklärungen für das Auftreten des minderwertigen Bildes.

(1) Brechung über dem Horizont.

Es ist plausibel anzunehmen, dass das Bild des Mondes knapp über dem Horizont durch die Brechung des Lichts des geometrischen Mondes jenseits des Horizonts entsteht, die auf eine Zunahme der atmosphärischen Dichte mit abnehmender Höhe zurückzuführen ist. Wenn der Mond dann weiter westlich im Verhältnis zum Horizont zurückbleibt (obwohl beide leichter voranschreiten) [8], Licht vom unteren Rand (B in Abbildung 4) passiert die Oberfläche

---

8 Die Wörter „Mondaufgang" und „Monduntergang" sind sprachliche Bilder. Die Erde rotiert mit etwa 1.700 km/h (am Äquator) nach Osten und benötigt einen Tag für eine Umrundung; der Mond umkreist die Erde mit etwa 3.600 km/h (relativ zur Erde) in östlicher Richtung, bewegt sich von unseren mittleren Breiten aus gesehen in zwei Minuten um etwa seine Breite (30 Bogenminuten) vor dem Sternenhimmel im Hintergrund und benötigt einen Monat für eine Umlaufbahn. Unterm Strich hinkt der Mond der Erde auf seinem Weg nach Osten um etwa 50 Minuten pro Tag hinterher und bewegt sich nur scheinbar in die entgegengesetzte Richtung: Er geht im Osten auf und im Westen unter. Mit anderen Worten: Der Horizont der Erde holt das Bild des Mondes ein und überholt es.

sehr nahe und wird umgekehrt, sodass es vom Horizont aufsteigt (gestrichelte Linien). Der untere Rand steigt auf, weil er die Umkehrung des scheinbaren Mondes bildet, der relativ zum Horizont „absteigt".

Ein Brechungsmodell erklärt den scheinbaren Mond oben, weist aber Schwächen bei der Erklärung des unteren Bildes auf. Strahlen, die durch Luftschichten unterschiedlicher Temperatur nahe der Oberfläche dringen, würden wie eine Fata Morgana schimmern, doch das untere Bild ist klar und robust. Auch verzerrt sich das untere Bild zwischen dem Horizont und der Faltlinie, wo es auf den abnehmenden Mond trifft, nicht, sodass die Brechung, die am Horizont ihr Maximum erreicht, keine Rolle zu spielen scheint. Würde ein unteres Bild zudem stets von einem niedrigen Standpunkt über ausgedehnten Gewässern bei klarem Wetter betrachtet, wäre der Effekt unabhängig von den Temperaturschichten in der Nähe des Beobachters und am Horizont, die zu verschiedenen Zeiten und an verschiedenen Orten variieren.

(2) Reflexion von Wasser jenseits des Horizonts.

Dieser Vorschlag zur Ursache des aufsteigenden Unterbildes (da es sich genau wie eine Spiegelung des untergehenden Mondes verhält) ließe sich durch separate Beobachtungen des untergehenden Mondes nahe dem Horizont bei klarem Wetter über verschiedenen Gewässern überprüfen, die in unterschiedlichen Entfernungen bis ans Land reichen. Wenn Land in einer bestimmten Entfernung (z. B. 10 km) hinter dem Horizont das Erscheinen des Unterbildes verhindert (um dies zu überprüfen, wären mehrere Beobachtungen erforderlich), ist Wasser in dieser Entfernung notwendig. Dies würde bedeuten, dass bei einem Unterbild über offenem Wasser das Licht des geometrischen Mondes in dieser Entfernung vom Wasser jenseits des Horizonts reflektiert wird und das Vorhandensein von Luftschichten unterschiedlicher Temperatur keine Rolle spielt. Stellen Sie sich vor, der Phantomhorizont, an dem sich die Bilder in Abbildung 1 treffen und dann verschwinden, ist eine durch Brechung erhöhte Ansicht der Oberfläche eines entfernten Wassers.

Man könnte auch die Situation über flachem Land testen, wo sich jenseits des Landes und des Horizonts ausgedehntes Wasser befindet: Tritt der Effekt auf, würde dies für eine Reflexion sprechen, da dieser Effekt vermutlich nicht auftritt, wenn die Ansicht nur über Land erfolgt. Dieser Reflexionsvorschlag ist jedoch insgesamt fragwürdig, da ein reflektiertes Bild von Wasser schimmernd und unscharf wäre – das darunterliegende Bild jedoch durchweg scharf ist. Jede Beobachtung des Effekts über Land (ohne Wasser) schließt natürlich eine Reflexion aus und würde diese Theorie widerlegen.

(3) Der Gravitationstopf der Erde.

Das Licht vom Mond muss der Kurve der Erdraumzeit folgen, die sich weit über den Mond hinaus bis zum Erdmittelpunkt erstreckt – ganz zu schweigen vom Gravitationstopf des Mondes selbst, der hier verwickelt ist und mindestens bis zur Rückseite der Erde reicht, wie die Gezeiten zeigen. Die Gravitationskraft

Doppeltes Bild bei Monduntergang

der Erde ist sehr gering.[9, 10], die Hypothese hier ist jedoch, dass Licht, das sehr nahe an der Oberfläche vorbeizieht, einen stärkeren Effekt erfährt, sich mit der Oberfläche krümmt und, aus der Perspektive eines Beobachters, der sich ebenfalls nahe der Oberfläche befindet, invertiert ist. (Abbildung 4).

Welche Tests könnten entwickelt werden, um diese Annahme zu untermauern?

---

9 An der Erdoberfläche beträgt die Stärke [„der Raum- und Zeitkrümmung"] $Gm/rc2$ ... ~ 10^{-9} [0,000 000 001]. Dieser winzige Wert ist der Beugungswinkel (im Bogenmaß)." Sanjoy Mahajan, Elektrotechnik und Informatik, Massachusetts Institute of Technology. .... https://web.mit.edu/6.055/old/S2009/notes/bending-of-light.pdf#page=6 (Seite 116).

10 Die Sonne hat etwa die 300.000-fache Masse der Erde und verursacht daher eine deutlich stärkere Raumzeitkrümmung. Der britische Wissenschaftler Eddington machte sich daran, Einsteins Hypothese zu beweisen, dass Licht um große Massen herum gekrümmt wird. 1919 reisten seine Teams an zwei tropische Orte, um eine Sonnenfinsternis zu beobachten. Sie konnten nachweisen, dass die Positionen der Sterne im Hyadenhaufen sehr nahe am Sonnenrand im Vergleich zu ihren Positionen am dunklen Nachthimmel abweichen. ctc.cam.ac.uk/news/190722_newsitem.php

Geldart

Wir könnten die Position eines Sterns untersuchen. Dabei kann es sich um verschiedene Sterne zu verschiedenen Zeiten handeln, solange sie sich in gleich niedriger Höhe nahe dem Horizont befinden. Natürlich gäbe es atmosphärische Störungen, aber das Ziel ist es, jede Verschiebung aufgrund des Gravitationsfeldes der Erde zu messen. In der Praxis würde dies bedeuten, von nahe der Oberfläche über flachem Gelände aus die Position von Sternen zu verschiedenen Jahreszeiten und in verschiedenen Breitengraden (Äquator, Polarkreis usw.) zu beobachten, um verschiedene Situationen mit kühler über warmer Luft und umgekehrt zu erhalten. Ein weiterer Faktor ist die allgemeine Temperaturschwankung der Atmosphäre, die die Tiefe der Troposphäre beeinflusst. Diese nimmt vom Boden bis auf etwa 7 km an den Polen (kalte Luft) und bis auf 15 km am Äquator (warme Luft) zu. Die beobachtete Position des Sterns wird mit seiner bereits bekannten berechneten Position verglichen. Diese Berechnung berücksichtigt Stunde, Jahreszeit und Breitengrad, ohne die Brechung zu berücksichtigen.

Doppeltes Bild bei Monduntergang

Nehmen wir die Position eines Sterns in einer gewählten Höhe sehr nahe am Horizont, beispielsweise an einem arktischen Winterstandort, und dann die eines beliebigen anderen Sterns in derselben Höhe an einem tropischen Standort. Weichen die beobachteten Positionen der Sterne in beiden Fällen im gleichen Maße von den berechneten ab, so wäre der Einfluss unterschiedlich temperierter Luftschichten für die zusätzliche Verschiebung irrelevant. Ebenso gut ließe sich eine Brechung ausschließen: Licht, das durch die Atmosphäre aufgrund zunehmender Dichte mit abnehmender Höhe zur Erdoberfläche abgelenkt wird, da die Dichteänderung mit der Höhe unter arktischen und äquatorialen Bedingungen unterschiedlich ausfällt und sich somit auch auf das Licht jenseits des Horizonts unterschiedlich auswirkt. Wenn sich also die Positionen der von uns untersuchten Sterne in beiden Fällen im gleichen Ausmaß ändern, müsste die veränderte Position auf etwas anderes zurückzuführen sein als auf Änderungen der atmosphärischen Temperatur oder Dichte (den Temperaturgradienten). Dieser Faktor könnte darin bestehen, dass Licht der Krümmung des Gravitationsfelds der Erde folgt.

Abschluss

Ich habe davon gesprochen, dass Mond oder Sonne im Westen untergehen, aber das könnte ebenso gut auf diese Körper zutreffen, die im Osten aufgehen.

Um es klarzustellen: Astronomische Objekte, die in Richtung Zenit und in mittleren Höhen sichtbar sind, werden aufgrund einer Zunahme der atmosphärischen Dichte mit abnehmender Höhe nicht gebrochen, da die Dichte so schnell zunimmt (von nahe Null in 20 km Höhe auf etwa 1,2 kg/m³ auf Meereshöhe).[11] Astronomische Objekte wie Mond oder Sonne, die in geringer Höhe und nahe dem Horizont sichtbar sind, werden jedoch gebrochen und von jenseits des Horizonts nach vorne gebracht (aber nicht invertiert). Das gelegentlich sichtbare, invertierte untere Bild, das am Horizont aufgeht, wird nicht gebrochen, da es zu schmal ist, um von einer mit der Höhe abnehmenden Dichte beeinflusst zu werden. Es handelt sich dennoch um ein Bild des Randes des geometrischen Mondes, das von jenseits des Horizonts nach

---

[11] en.wikipedia.org/wiki/International_Standard_Atmosphere

Doppeltes Bild bei Monduntergang

vorne gebracht wird. Dieses untere Bild bedarf einer Erklärung.

Mit einem Brechungsmodell würde man erwarten, dass Bilder am Horizont aufgrund des Lichts, das durch Luftschichten unterschiedlicher Temperatur dringt, schimmern und einer Fata Morgana ähneln. Dies ist jedoch nicht die Eigenschaft des unteren Bildes. Der alternative Gravitationsansatz ermöglicht ein unteres Bild, das (i) deutlicher und robuster als eine Fata Morgana ist, (ii) in vielen Situationen unabhängig von lokalen Temperaturschichten auftritt und (iii) am Horizont selbst bei der hohen Brechung in diesem Bereich nicht verzerrt wird. Die Hypothese lautet, dass der Beobachter beim Betrachten des Horizonts über ausgedehnten Gewässern von einem oberflächennahen Standpunkt aus Licht vom Rand des geometrischen Mondes sieht, der nahe an der Oberfläche vorbeigezogen ist und durch die Krümmung der Raumzeit um die Erde invertiert wird, unabhängig von atmosphärischer Temperatur oder Dichte. Da das Phänomen nur von einem niedrigen Standpunkt aus sichtbar ist, der über eine ebene Fläche zum Horizont blickt, unterstreicht dies auch die Bedeutung der Beobachterperspektive.

Geldart

Die zuvor erwähnten Feldarbeiten wären erforderlich, um die Reflexions- und Gravitationsvorschläge zu untermauern oder zu widerlegen. Sollten sie verworfen werden, müsste neu untersucht werden, wie die Brechung das minderwertige Bild erzeugen kann. Welche Erklärung auch immer (Brechung, Reflexion, Gravitation) man verwendet, die Grundannahme bleibt bestehen:

(a) Für jeden Beobachter in beliebiger Höhe entsteht das Bild des sich dem Horizont nähernden Mondes dadurch, dass das Licht des außer Sichtweite befindlichen geometrischen Mondes aufgrund der mit abnehmender Höhe zunehmenden Dichte in der Atmosphäre gebrochen wird.

(b) Der Beobachter nahe der Oberfläche, der über ausgedehnte Gewässer blickt, sieht zwar ebenfalls den gebrochenen Mond, aber möglicherweise auch ein aufsteigendes (umgekehrtes) untergeordnetes Bild, das durch das Licht vom Rand des geometrischen Mondes erzeugt wird, der der Krümmung der Erdoberfläche genau gefolgt ist, um seine Position zu erreichen.

Doppeltes Bild bei Monduntergang

Geldart

Anhang

Beobachtungen anderer Personen zum Auf- und Untergang von Mond oder Sonne.

MIT DEM UNTERSCHWEREN BILDEFFEKT

* Sonnenfinsternis
Elias Chasiotis, Dezember 2019
Katar
Außergewöhnliche Sonnenfinsternis bei Sonnenaufgang und Mondaufgang über dem Meer.
https://apod.nasa.gov/apod/ap191228.html

* Sonnenuntergänge
George Kaplan, August 1999
North Carolina, USA
Geschützter Ozean (Wellen und Dünung sind weniger ausgeprägt). Mit Kommentar von A.T. Young
https://aty.sdsu.edu/explain/simulations/inf-mir/Kaplan_photos.html

* Sonnenaufgang
Rob Bruner, November 2009
Mexiko. Über dem Ozean
https://epod.usra.edu/blog/2009/12/omega-sunrise.html

* Sonnenaufgang
Luis Argerich, September 2011
Argentinien. Über dem Ozean
https://epod.usra.edu/blog/2011/11/omega-sunrise-from-buenos-aires.html

* Mondaufgang
John Stetson, Januar 2013
Maine, USA. Über dem Ozean
https://epod.usra.edu/blog/2013/02/omega-moon-over-cape-elizabeth-maine.html

Doppeltes Bild bei Monduntergang

* Monduntergang
Alex Berger, Oktober 2012
Manitoba, Kanada
Geschützter Ozean (Hudson Bay), sogar mit Nebel.
https://flickr.com/photos/virtualwayfarer/8185226155

* Sonnenuntergang
Michael Myers, 2002
Cape Hatteras, NC, USA
Über dem Pamlico Sound
https://atoptics.co.uk/atoptics/sunmir2.htm

KEIN EFFEKT

* Mondaufgang
Alan Dyer, September 2020
Prärie in Alberta, Kanada
Unregelmäßigkeiten im Flachland verdecken die unteren Meter der Atmosphäre, wo ein schlechteres Bild entstehen würde.
https://vimeo.com/465032138

* Monduntergang
Vladimir Scheglov, April 2018
Nordostrussische Schneetundra
Unregelmäßigkeiten im Flachland verdecken die unteren Meter der Atmosphäre, wo ein schlechteres Bild entstehen würde.
https://esplaobs.blogspot.com/2018/04/moon-and-wolf-taken-by-vladimir.html

* Sonnenuntergang
XtU, Dezember 2009
Über Wasser. Der Autor hat auch tieforange Sonnenuntergänge über Wasser ohne Effekte beobachtet.
https://en.wikipedia.org/wiki/File:Sunset_Time_Lapse_31-12-2009.ogv

Geldart

Hinweis: Die URLs in diesem Dokument wurden im April 2025 verifiziert.

www.ingramcontent.com/pod-product-compliance
Lightning Source LLC
Chambersburg PA
CBHW030105230526
45471CB00003B/1261